I0153818

V, 4

7594

46 prières

VUE DU CÔTÉ DU MIDI.

Nº 0.

BIBLIOTHÈQUE... FONDATION... Imp.

PROMENADE

OU

ITINÉRAIRE

DES JARDINS D'ERMENONVILLE,

Auquel on a joint vingt-cinq de leurs principales vues, deffinées & gravées par MÉRIGOT fils.

Colours Speaks all Languages but word are only underftood by fuch a People or Nation. (*the Spectator.*)

La Peinture parle toutes les Langues ; mais les mots différent fuivant les Nations.

PRIX, 18 liv. rel.

A PARIS,

Chez {
MÉRIGOT pere, Libraire, Boulevart Saint-Martin, & les jours d'Opéra, fous le Veftibule.
GATTEY, Libraire, au Palais Royal, n.ᵒˢ 13 & 14.
GUYOT, Graveur & Marchand d'Eftampes, rue Saint-Jacques, n.º 9.
}

Et à *Ermenonville*, chez MURRAY.

M. DCC. LXXXVIII.

Avec Approbation & Privilège du Roi.

Referve

2624

AVERTISSEMENT.

Dans la nuit du 6 Décembre 1787, il est tombé une si grande quantité de pluie à Ermenonville, que le volume d'eau du petit lac en a été considérablement augmenté ; la digue s'est rompue dans l'endroit où il formoit la grande cascade : ce torrent couloit avec une telle violence, qu'il entraîna des rochers, forma plusieurs excavations dans l'avant-cour, & détruisit presque en entier la cascade des fossés du château.

A cette époque, une partie de la description qui paroît aujourd'hui, étoit achevée ; on a cru ne devoir y rien changer, parce qu'on présume M. de Gérardin assez attaché à son ouvrage, pour faire rétablir les jardins d'Ermenonville tels qu'ils étoient avant cette inondation.

A V I S.

L'Art des jardins, ou celui d'ajouter aux charmes de la nature champêtre, consiste uniquement à exécuter des Tableaux sur le terrain, par les mêmes regles que sur la toile ; ces deux Arts d'imitation arrivent au même but, en suivant les mêmes principes, qui sont de produire une composition agréable par la disposition des masses, des plans, & des fabriques, en observant de les lier au pays par leur forme, leur style, & leur caractère. Si le Lecteur veut réfléchir sur ce que je viens de dire, il ne sera point étonné de rencontrer fréquemment des termes techniques dans le cours de cet Ouvrage ; il sentira que je ne pouvois me dispenser d'employer les expressions de l'Art de la Peinture, pour en rendre les effets.

On prie les personnes qui désireront se procurer les desseins de différentes vues des Jardins d'Ermenonville, soit en grand, soit en petit, ou des Exemplaires coloriés de cet Ouvrage, de s'adresser à M. Mérigot, Peintre & Graveur, rue basse du Rempart, n° 13.

VUE DU COTÉ DU NORD.

N.º 1.

[stamp]

PROMENADE

ou

ITINÉRAIRE

DES JARDINS D'ERMENONVILLE.

---

*E*RMENONVILLE est à douze lieues de
poste de Paris; on suit, pour s'y rendre, la
route de *Compiegne* jusqu'à *Louvres.* A deux
milles au delà de ce bourg, avant le 15e.
mille, se présente sur la droite un chemin
pavé qu'il faut prendre; il conduit à *Mor-*
fontaine : il est difficile de ne pas s'y arrêter,
pour en voir les jardins, qui, depuis quelques
années, sont bien changés à leur avantage.

Plus d'une lieue au dessus de *Morfontaine,*
& peu de temps après que l'on est entré dans
la forêt, on trouve à sa droite un poteau,

A iij

sur lequel est écrit *Route d'Ermenonville* (1).
Ce chemin de traverse, d'environ une demi-lieue, est sablonneux, mais praticable dans toutes les saisons ; il passe à côté d'une petite baraque qui sert de *rendez-vous de chasse*.
Là, se trouve une route de *Barrières*, à l'entrée de laquelle on lit, *Avenue du château d'Ermenonville*. Ce n'est point une de ces longues & ennuyeuses allées droites, qui n'inspirent dès le commencement que le désir d'en voir la fin ; c'est une route si agréablement dessinée à travers la forêt, qu'on ne s'est point encore aperçu de sa longueur, quand on arrive à l'entrée du parc, où se lisent ces vers d'Horace :

Scriptorum chorus omnis amat nemus & fugit urbes.
Les favoris des Muses aiment les bois, & fuient les cités.

---

(1) Quand on n'a pas la clef des barrières, il faut prendre par une autre route un peu moins agréable, mais plus courte, dont voici l'indication.

A une demi-lieue de Morfontaine, après une descente très rapide, on trouve un poteau, sur lequel est écrit *chemin d'Ermenonville* : suivez-le jusqu'à la vue de l'abbaye de Saint-Sulpice, qu'on doit laisser sur la droite ; & après avoir traversé une pelouse, en côtoyant les bois, on entre dans une route de la forêt, qui mène droit à Ermenonville.

L'on paſſe bientôt après dans une place
ſpacieuſe, du milieu de laquelle s'élève un
arbre majeſtueux, & de là on deſcend à
un pont fermé d'une barrière, où ſont deux
inſcriptions qui annoncent le caractère des
promenades d'*Ermenonville* ; l'une eſt tirée
de *Piron* (1), & l'autre de *Montaigne*.

> Diſparoiſſez, lieux ſuperbes,
> Où tout eſt victime de l'art,
> Où le ſable, au lieu des herbes,
> Attriſte par-tout le regard :
> Ici l'aimable nature,
> Dans ſa douce ſimplicité,
> Eſt la touchante peinture
> D'une tranquille liberté.
>
> *Piron.*

Ce n'eſt pas raiſon que l'art gaigne le point d'honneur ſur notre grande & puiſſante mère nature. Nous
avons tant rechargé la beauté intrinſeque & richeſſes
de ces ouvrages, par nos inventions, que nous l'avons
du tout étouffée; ſi eſt-ce que par-tout où ſa pureté
reluit, elle fait une merveilleuſe honte à nos vaines
& frivoles entrepriſes.

> *Montaigne.*

Le château que vous découvrez en ſortant

(1) Epître à Mademoiſelle Cheré.

de la forêt, est composé d'un corps de logis considérable, auquel se joignent deux grandes aîles parallèles : il n'a ni le caractère *cheva-leresque* des bâtimens gothiques, ni l'élégance des fabriques modernes. M. de Gérardin l'a conservé tel qu'il l'a trouvé ; il a seulement cherché, par les arbres qu'il a plantés dans la cour, à rompre l'uniformité de ses lignes, & à diminuer la lourdeur de sa masse. S'il venoit à le reconstruire, il lui donneroit sûrement le caractère noble, élégant, & pittoresque que doit avoir la fabrique principale des jardins d'*Ermenonville*. Il est placé dans l'espace le plus étroit d'une vallée qui s'étend du *midi* au *nord*, bornée à l'*est* par les côtes argileuses d'une plaine fertile ; à l'*ouest*, par les côtes sablonneuses de la forêt.

Il ne faut point de permission du maître pour voir le parc ; la seule chose qu'il désire, est qu'on envoie son nom en faisant demander un conducteur ; ce n'est point par un motif de curiosité, mais pour qu'il ne passe pas, sans qu'il le sache, un Etranger célèbre, un Artiste habile, un Ecrivain distingué, auquel il seroit bien aise de montrer lui-même ses jardins. Avant de les parcourir, il faut commencer par se rendre au château,

CASCADE A COTÉ DU CHATEAU

2

pour faifir l'enfemble du parc dans les deux vues de la maifon. Celle du midi offre un tableau compofé dans le genre de *Claude Lorrain* : on croiroit que cet Artifte en a deffiné les plans & les maffes : cette agréable compofition eft toujours animée par une quantité de *figures* & de beftiaux qui paffent continuellement fur le pont & le chemin du village.

Les formes du terrain ont été fi bien fuivies, qu'on ne peut imaginer que ce fite n'ait pas toujours été le même, & qu'il foit entièrement l'ouvrage de l'art. Cependant des bâtimens environnoient encore il y a peu d'années une cour carrée où l'on n'entroit que par une grille de fer. Une porte gothique, flanquée de tourelles, à laquelle fe joignoient des murs à créneaux, défendoient l'entrée du château : la rue du village fe trouvoit enfermée entre ces murs & ceux qui fervoient de clôture à des potagers. Au delà de ceux-ci régnoit, dans toute la largeur du vallon, une chauffée d'étang de 60 toifes de longueur, plantée de tilleuls, qui formoient une promenade régulière : au milieu de cette digue étoit un grand efcalier en pierre de taille, qui defcendoit dans les potagers, divifés par différens canaux. Ces formes fymé-

triques ne tardèrent point à difparoître lorfque M. de Gérardin devint Seigneur d'Ermenonville.

Bientôt les murailles furent abattues &
la forêt découverte. Pour en *rompre la ligne*,
on a placé fur une hauteur qui eft en avant
des bois, un Temple, conftruit d'après celui
de Tivoly; le grand efcalier de pierre a fait
place à une chûte d'eau ; elle forme une rivière qui tombe en cafcade dans les foffés
du château : les canaux ont été comblés, les
potagers détruits; un joli gazon les remplace;
la digue eft mafquée par des plantations qui
fe joignent aux *plants* de la forêt, & qui
rompent la monotonie de fa forme. Un pont
de bois établit la communication entre les
deux parties du village qui fe trouvent entièrement cachées. La grille de fer eft enlevée;
la cour & l'avant-cour font dépavées; un
gazon vient les lier au payfage dont elles font
partie : des arbuftes, des fleurs forment de la
cour un jardin agréable, & fur le tapis de
verdure qui s'étend au milieu, on a planté
un groupe d'ormes qui fert de repouffoir au
payfage : c'eft ainfi qu'on a vu le féjour le
plus trifte fe métamorphofer en un fuperbe
tableau. Lorfque le génie commande, la nature obéit.

Du même falon où l'on eft placé pour jouir

L'ENTRÉE DU JARDIN.

de la vue du midi, en tournant les yeux du côté du nord, vous découvrez une belle rivière qui ferpente dans une vafte prairie : ce tableau fait un contrafte frappant avec celui que vous quittez ; il porte avec lui un caractère mélancolique & doux. Si le côté du *midi* a befoin pour l'effet des rayons brillans du foleil levant, il faut au contraire pour embellir le côté du *nord*, les rayons affoiblis du foleil couchant ; il feroit bien difficile de faire un choix entre ces deux afpects. Je fais que le tableau du midi doit plaire davantage aux Artiftes ; la compofition en eft plus riche, la couleur plus variée, la fcène plus animée ; mais je crois que l'homme fenfible donnera la préférence à celui du *nord* : il y règne toujours ce calme enchanteur, qui plaît fi fort à l'ame ; elle peut s'y répaître de fouvenirs agréables, d'idées douces, s'y bercer d'aimables chimères, tandis que du côté du *midi* elle feroit toujours diftraite par le bruit des cafcades, par le mouvement du payfage, & fe fatigueroit enfin d'une fituation qui ne lui permet pas de s'occuper des fentimens qu'elle éprouve.

Le tableau du nord étoit moins difficile à deviner ; mais la fituation en étoit encore plus défagréable que celle du midi : un marais rempliffoit la vallée dans toute fon étendue, jufqu'au pied des côtes fablonneufes du levant, la gauche étoit entièrement boifée; on voyoit en face du château quatre petits carrés, entourés d'arbres taillés en boule, & au milieu de ce parterre, un baffin avec un jet d'eau : tel étoit le côté du nord avant que la coignée vînt éclaircir toute la partie gauche, découvrir la tour & la hauteur de mont Epiloy, dont la couleur vaporeufe & l'éloignement donnent une grande profondeur au tableau.

La rivière produite par la chûte d'eau du midi, fe précipite en cafcade dans les foffés du château, & fe divife, pour l'entourer, en deux bras qui viennent fe réunir devant la façade du nord; de là, pourfuivant fon cours en ferpentant dans la prairie, elle baigne plufieurs îles : fur la pointe la plus élevée de l'une d'elles, eft placé un bâtiment gothique, dominé par une vieille tour d'un bon ftyle; cette fabrique, par fa forme & fa maffe, met les fonds dans leur point de perfpective. A l'endroit qui paroît être l'extrémité de la rivière, on a conftruit un moulin dans le genre de ceux que l'on trouve en Italie. En avant des bois de la gauche on aperçoit un joli hameau qui fe deffine agréablement à travers les arbres. Le clocher de l'abbaye de *Chaalis*, s'élève au deffus de ce plan, & paroît en faire

CASCADE SOUS LA GROTTE.

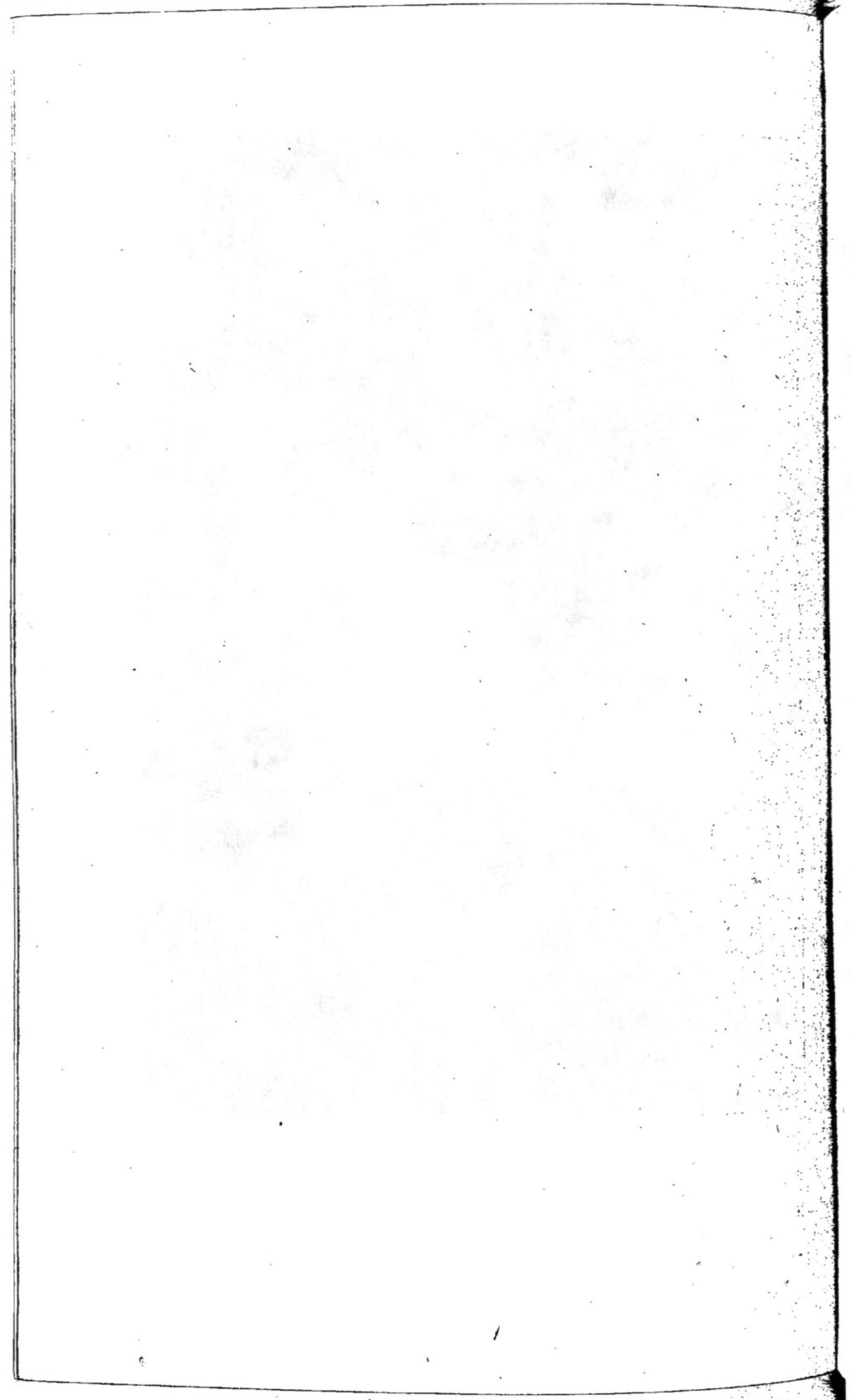

partie, quoiqu'il en soit encore fort éloigné.

Ce qui mérite d'être remarqué dans la composition du tableau du nord, c'est la manière savante dont il est lié au pays : on diroit que celui-ci appartient en entier au Seigneur d'*Ermenonville* : le grand art en effet est de savoir, par la disposition des masses & des plans, s'approprier, pour ainsi dire, le bien de ses voisins.

En Angleterre même, on n'a jamais pensé à dessiner un tableau fait pour être vu de la maison. M. de Gérardin, qui n'a point cherché à imiter le genre anglois dans ses compositions, est le premier qui se soit occupé de l'ensemble, & c'est aussi lui qui a donné le premier, en France, l'exemple d'embellir les campagnes, & qui a réduit cet art en principes dans son excellent Ouvrage sur les jardins. Parmi les nombreuses imitations auxquelles *Ermenonville* a servi de modèle, je ne connois que *Lusancy* où l'on ait cherché à composer un tableau pour la maison, & où l'on ait mis la campagne dans le jardin, & le jardin dans la campagne. On ne réussira cependant jamais à faire quelque chose de bien, de noble, de grand, dans le genre *pittoresque*, si l'on ne commence d'abord par méditer l'ensemble; c'est la base de toute bonne compofition. Cet enfemble étant bien difpofé, les détails naîtront, pour ainfi dire, d'eux-mêmes : c'eft à ce principe fondamental, dont il ne faut jamais s'écarter, qu'on doit tout l'agrément de ceux des jardins d'Ermenonville, que nous allons parcourir.

Pour commencer la promenade, après avoir defcendu le pont qui eft à droite de la terraffe du château, prenez le fentier qui ramène au midi, à la vue de la cafcade, dont les eaux, divifées par les maffes de rochers qui s'oppofent à fon cours, fe détachent fur le fond de la forêt, & produifent un bel effet.

On fort de l'enceinte du château par une barrière qui tient à un des pavillons d'entrée: celui-ci fera célèbre à jamais ; c'eft celui qu'habitoit J. J. Rouffeau ; c'eft là qu'il a terminé fa carrière.

Les grands peupliers qu'on aperçoit de l'autre côté de la rue, ombragent un baffin formé par la fontaine du village : fur un piédeftal, fe lifent ces deux infcriptions :

> Le jardin, le bon ton, l'ufage
> Peut être anglois, françois, chinois ;
> Mais les eaux, les prés, & les bois,
> La nature & le payfage
> Sont de tout temps, de tout pays :

C'eft pourquoi, dans ce lieu fauvage,
Tous les hommes feront amis,
Et tous les langages admis.

Ici commence la carrière
D'un doux & champêtre loifir ;
Chacun, au gré de fon plaifir,
A chaque borne milliaire,
Pourra pourfuivre ou s'arrêter :
Dans la carrière de la vie,
Par le fort ou la fantaifie,
Chacun fe fent précipiter ;
Mais, pour ne jamais culbuter
Dans l'abîme de la chimère,
Le feul moyen, c'eft de bien faire,
Ou bien de favoir s'arrêter.

C'eft ici l'entrée du parc, dont je vais effayer de donner une idée. Je fais combien les mots font infuffifans pour décrire ; ce n'eft point avec leur fecours qu'on peut faire connoître les formes exactes d'un pays, & les defcriptions font toujours au deffus ou au deffous de ce qu'on veut repréfenter ; il faut avoir recours au deffin pour rendre des payfages : auffi l'emploierai-je pour faire connoître quelques-uns des fites les plus intéreffans de ces jardins. Dans un lieu où le goût a préfidé par-tout à embellir la nature, & a produit des tableaux auffi variés que pittorefques,

ce qu'il y avoit de plus difficile étoit de favoir
faire un choix, afin de ne pas rendre trop
volumineux un Ouvrage dont le but eſt de
fervir de guide à ceux qui parcourent ſes promenades; mais pourſuivons la nôtre. Ce ſentier
ombragé qui fuit le cours de la rivière, conduit à une grotte tapiſſée de plantes ram-
pantes, de toute eſpèce, qui contribuent à
lui donner un air de vétuſté; entre plu-
ſieurs voûtes de rochers, on aperçoit la caſcade, que la couleur ſombre de la grotte
fait paroître plus brillante. C'eſt du banc de
mouſſe qu'il faut jouir de cet effet d'eau qui
eſt agréable aux yeux, & porte l'ame à une
mélancolie douce & tendre. Vous aperçevez
dans une retraite, en face de vous, cette
inſcription imitée du Poëte Shenſtone:

Nous Fées & gentilles Naïades,
Etabliſſons ici notre ſéjour :
Nous nous plaiſons au bruit de ces caſcades,
Mais nul mortel ne nous vit en plein jour.
C'eſt ſeulement quand Diane, amoureuſe,
Vint ſe mirer au criſtal de ces eaux,
Qu'un Poëte a penſé, dans une verve heureuſe,
Entrevoir nos attraits à travers les roſeaux.
O vous qui viſitez ces champêtres prairies,
Voulez-vous jouir du deſtin le plus doux ?
N'ayez jamais que douces fantaiſies,
Et que vos cœurs ſoient ſimples comme nous.

Lors,

favm
un
el d
s py
lenw
s ca
ma
en l
e pl
la ct
gun
inc d
an q
à un
rosm
, ca

LE PETIT LAC

5.

Lots, bien venus dans nos rians bocages,
Puiffe l'Amour vous comble: de faveurs !
Mais maudits foient les infenfibles cœurs
De ceux qui briferoient, dans leurs humeurs fauvages,
Nos tendres arbriffeaux & nos gentilles fleurs.

Affurément il faudroit être bien peu poli,
pour ne pas fe conformer à un avertiffement
auffi gracieux.

Un efcalier, artiftement ménagé entre les
voûtes & les rochers, indique la fortie de la
grotte. En quittant un afile fombre & retiré,
on eft agréablement furpris de fe trouver fur
les bords d'un lac qui paroît n'avoir d'autres
bornes que celles de la vallée. Le fuperbe
amphithéâtre de la forêt fe termine à l'oueft;
& à l'eft une colline de verdure, plantée de
noyers, defcend, par une pente infenfible, juf-
ques au bord de l'eau ; fon extrémité fe perd
parmi des plantations variées, en avant defquelles fe détache l'Ile des Peupliers, où
l'on entrevoit le tombeau de Rouffeau : ce
monument ajoute un grand intérêt à l'agrément de ce magnifique payfage, dont l'effet
eft d'autant plus frappant, qu'il étoit abfolu-
ment inattendu.

On a fait graver au deffus de la grotte
ce vers de Virgile :

Spelunca vivique lacus, hic frigida Tempe.

B

Des grottes, des lacs d'une eau vive, & la FRAÎCHEUR
de la vallée de Tempé.

Les eaux qui fortent du lac pour fournir
la cafcade, forment un courant que l'on traverfe à l'aide de quelques pierres : le refte
de la chauffée, couvert d'une peloufe fine,
offre une promenade très-agréable, qui fe
perd fous une voûte de tilleuls, les feuls
qu'on ait laiffé fubfifter de la grande allée
qui régnoit autrefois fur toute la longueur
de la digue : au fond de cette perfpective,
deux colonnes qui foutiennent un périftile,
paroiffent indiquer l'entrée d'un temple : la
majefté de cette arcade de verdure rend cet
afpect impofant.

Au lieu de pourfuivre directement votre
chemin, prenez, fur la droite, un petit fentier
pratiqué à travers les rochers ; il ramène au
pied de la cafcade, dans un point de vue d'où
elle produit encore un effet trés-piquant (1).

_____

(1) Les rochers qui font auprès de la cafcade paroiffent fi bien y avoir exifté de tout temps, que je dis à
mon conducteur, que M. de Gérardin étoit bien heureux
de les avoir trouvés là. — C'eft lui qui les y a fait
placer.— Comment cela fe peut-il ? — Par un moyen
fort fimple : il confifte à chercher dans la campagne
des rochers dont les formes foient heureufes & pittorefques, de les faire caffer enfuite en maffes affez pe-

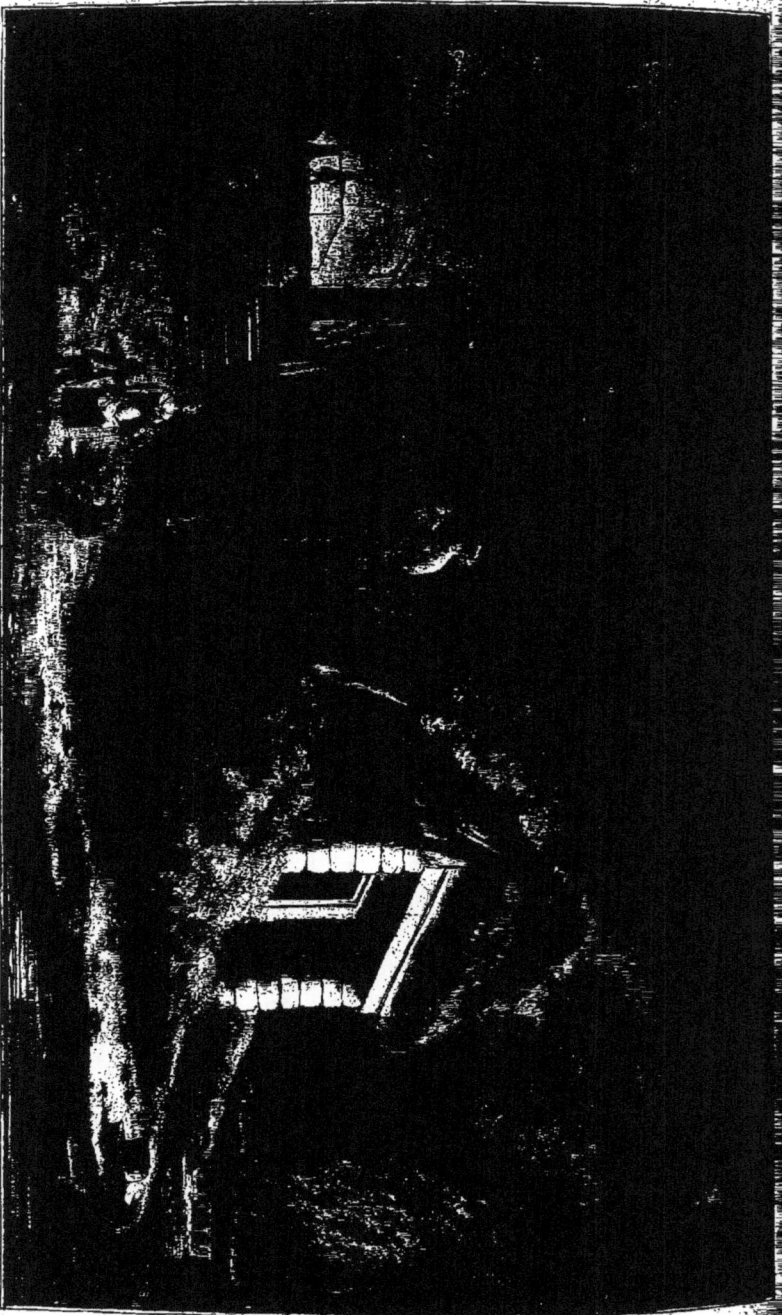

LA BRASSERIE

6

Le sentier s'enfonce ensuite parmi des arbres touffus qui se courbent en voûte ; à travers les rameaux entrelassés, on suit le contour de la rivière ; cette allée tournante & sombre mène à un site arrangé dans le goût italien : il donne un tableau parfaitement bien composé, dans le genre de Robert.

Arrivé au haut de l'escalier, au lieu de suivre l'allée régulière & voûtée, passez dans un bâtiment dont l'entrée est annoncée par deux colonnes ; elles soutiennent un portique, & donnent du *caractère* à une fabrique qui jadis étoit un moulin. Du rez de chaussée on a fait une brasserie, au dessus de laquelle est une grande salle attenante à un pont de bois ; il faut le traverser, pour regagner ensuite la forêt, où le chemin se soutient quelque temps à mi-côte sur un terrain âpre & difficile ;

tites pour en rendre le transport facile, de les numéroter & de les rapporter sur le terrain dans le même ordre. On bouche ensuite les cassures avec de la mousse... Je suis étonné qu'on n'ait pas employé ailleurs ce moyen, aussi facile que peu dispendieux, plutôt que de faire tailler régulièrement, à grand frais, des formes irrégulières, & de ne présenter que des blocs de pierre, qui jamais n'imitent les rochers. Mais M. de Gérardin étoit son architecte...

B ij

puis il defcend tout à coup dans une cavité profonde, dont les bords élevés font couronnés de bois & de rochers qui femblent fufpendus. Sous une de ces roches, couverte de mouffe & de lierre, eft un renfoncement obfcur, confacré à la méditation par l'infcription fuivante.

Between the gloomy foreft, there ftudious let me fit,
And hold high converfe with the mighty dead.

« C'eft à l'ombre des forêts que j'aime à me repofer,
» & méditer, en de fublimes entretiens, avec les
» Morts célèbres ».

En quittant cette retraite, on perd de vue les eaux tranquilles qui la baignent.

Le chemin continue entre les tiges entremêlées de la futaie, & conduit à un abri fous le creux d'un rocher, où l'on a fait allufion à la fameufe grotte de Didon.

Shower make' em both get under the cliff or grove
Thunder they hear no more but only the fweet love.

« L'orage les fit entrer tous deux fous le creux d'un
» rocher ; ils n'entendirent plus le tonnerre, mais
» feulement la voix du tendre Amour ».

On s'éloigne de cette efpèce de grotte, qui n'eft point affez profonde pour offrir aux amours le voile du myftère, & pour juftifier l'infcription. Le fentier fe prolonge fous les

L'AUTEL DE LA REVERIE

7

arbres de la haute futaie, & vous mène dans
un endroit où la rivière, refferrée par des
rochers, ne forme plus qu'un ruiffeau rapide :
le bruit fi doux de fes petites cafcades donne
un charme de plus à la fraîcheur de cet afile ;
au milieu du ruiffeau, s'élève fur une bafe
de rochers une pierre carrée, avec cette
infcription.

Coule, gentil ruiffeau, fous cet épais feuillage ;
Ton bruit charme les fens, il attendrit le cœur :
Coule, gentil ruiffeau ; car ton cours eft l'image
De celui d'un beau jour paffé dans le bonheur.

Entre les arbres qui ombragent le cours de
la rivière, on aperçoit un autel de forme
ronde ; mais pour jouir de cette délicieufe
fituation, où *Gefner* auroit placé la fcène d'une
idylle, il faut s'affeoir fur une roche au bord
du ruiffeau ; elle eft appuyée contre un groupe
d'aunes, qui lui fert de coffier : c'eft là que
Rouffeau, fatigué de fa promenade, fe repofa
vers le milieu d'un beau jour d'été. La foli-
tude des forêts, le murmure mélodieux des
eaux, le calme enchanteur qui règne dans
les bois, le plongèrent dans une douce mélancolie. Bientôt les malheurs qu'il dut à fa
célébrité, s'effaçèrent de fon imagination ; il
ne fe reffouvint plus que de ces temps heureux.

où Madame de Warens étoit l'objet unique qui remplissoit son cœur. Revenu de cet état délicieux, qui seroit le bonheur s'il pouvoit durer toujours, l'ame encore échauffée par ces douces chimères, il s'avance d'un pas chancelant vers l'autel ; il y trouve ces vers de Voltaire :

Il faut penser, sans quoi l'homme devient,
Malgré son ame, un vrai cheval de somme :
Il faut aimer, c'est ce qui nous soutient ;
Qui n'aime rien, n'est pas digne d'être homme.

Encore ému par ce qu'il venoit d'éprouver, il prend un crayon ; il écrit : *A la rêverie.* Tous les mots échappés à ce grand Homme méritoient d'être gravés. Les vers de Voltaire sont effacés, & le burin consacre à jamais cette inscription, qui peint si bien le caractère de cet endroit. Sur la face opposée de l'autel, on lit :

Questo seggio ombroso e fosco
Per i Poeti, Amanti, e Filosofi.

Les ombrages épais qui couvrent cet asile, conviennent aux Poëtes, aux Amans, aux Philosophes.

La rivière reprend un cours plus tranquille ; le chemin est resserré par la côte de la droite, qui ne laisse entre elle & la rivière que l'espace du sentier : des coudriers qui se joignent sur ce passage, y forment un berceau : cette

L'HERMITAGE

n.º 8.

promenade agréable vous conduit à l'endroit
où la vallée s'élargit un peu.

Sur une éminence escarpée qui se présente
en face, on a construit au milieu des bois
un hermitage : jamais situation ne fut plus
favorable & mieux choisie pour un lieu con-
sacré à la retraite & à la solitude.

Laissez sur la droite le sentier qui monte
à l'hermitage; celui qui traverse le pont vous
mène sur le bord du lac, en face de l'île des
peupliers; mais c'est un peu plus loin, *au
banc des mères de famille*, qu'il faut s'arrêter,
pour saisir ce tableau dans tout son ensemble.

On ne peut se défendre d'un sentiment
de vénération, en apercevant le tombeau de
J. J. au milieu des peupliers. Ce monument
imprime un grand caractère à tout le paysage.
Quel est le cœur sensible qui refuseroit quelques larmes à la mémoire d'un homme dont
les Ecrits lui ont fait passer d'aussi délicieux
instans ? Ceux qui, comme moi, ont eu le
bonheur de connoître J. J. Rousseau, lui en
doivent bien davantage. Il étoit impossible
de n'être pas tendrement attaché à cet homme
si bon, si aimant, & sur-tout si sensible. Mais
je sens qu'il faut m'arrêter : j'ai promis au
Public un *Itinéraire* d'Ermenonville, & non
point l'expression des sentimens d'attachement

B iv.

& d'enthoufiafme que renouvelle dans mon cœur tout ce qui me rappelle le fouvenir d'un homme que j'ai pleuré fi fouvent.

La fraîcheur, la variété du coloris, les rayons animés du foleil, le ramage des oifeaux donnent à la nature, pendant le jour, un air de gaîté, qui ne convient point à ce tableau : on aime à la voir en deuil après la perte de fon amant. Si vous voulez jouir de tous les charmes de ce lieu, venez le contempler dans le filence d'une belle nuit. Regardez la lune qui s'élève derrière l'amphithéatre des bois ; fa lumière pâle & argentée éclaire le monument, & fe reflète dans les eaux tranquilles & tranfparentes du lac ; cette clarté fi douce, jointe au calme de toute la nature, vous difpofe à une méditation profonde. C'eft à vous, amis de Rouffeau ; c'eft à vous que je m'adreffe ; vous feuls pouvez fentir le charme attendriffant d'une pareille fituation. Dans ces lieux folitaires rien ne peut vous diftraire de l'objet de votre amour : vous le voyez ; il eft là. Laiffez, laiffez couler vos larmes, jamais vous n'en aurez verfé de plus délicieufes & de mieux méritées.

Ces quatre vers font gravés fur le banc des mères de famille.

De la mère à l'enfant il rendit les tendreffes ;

De l'enfant à la mère il rendit les careffes ;
De l'homme, à fa naiffance, il fut le bienfaiteur,
Et le rendit plus libre, afin qu'il fût meilleur.

Sur une grande pierre couchée au pied d'un faule voifin, vous trouvez l'infcription fuivante :

Là, fous ces peupliers, dans ce fimple tombeau
  Qu'entourent ces ondes paifibles,
Sont les reftes mortels de Jean-Jacques Rouffeau.
  Mais c'eft dans tous les cœurs fenfibles
Que cet homme fi bon, qui fut tout fentiment,
De fon ame a fondé l'éternel monument.

Je vais donner une defcription d'autant plus exacte du monument, qu'on ne permet plus à perfonne d'en approcher (1).

---

(1) M. de Gérardin laiffoit autrefois à tout le monde la liberté d'aller à l'Ile des Peupliers. Bientôt on en abufa, pour écrire des horreurs fur le tombeau ; on effaya même d'en mutiler les fculptures ; ce fut là l'époque où il fit défendre aux conducteurs de *mener fur l'Ile*. Il n'y a point de femaines où l'on ne foit obligé de raccommoder des grilles forcées, & où l'on ne furprenne des gens qui s'amufent à détruire, pour le feul plaifir de faire le mal : ce qui pourroit forcer M. de Gérardin d'interdire l'entrée de fes jardins au Public, qui ne refpecte pas des lieux livrés à fa bonne foi.

(26)

L'estampe (1) en offrira une idée bien nette; on a conservé dans la forme toute la pureté de l'antique ; c'est à M. *Robert* qu'on en doit le dessin ; les sculptures en ont été exécutées par le *Sueur*, & font beaucoup d'honneur à ce jeune Artiste ; on y découvre cependant quelques légers défauts, qu'il corrigera sans doute. Le voyage d'Italie, qu'il a fait depuis que cet ouvrage a été achevé, aura contribué sûrement à perfectionner son goût & son talent par la contemplation des chef-d'œuvres de l'antiquité & l'étude des grands Maîtres.

Sur la face qui regarde le midi, on voit un bas-relief, représentant une femme assise au pied d'un palmier, symbole de la fécondité : elle soutient d'une main son fils qu'elle allaite, & de l'autre tient le Livre de l'*Emile*. Derrière elle est un groupe de femmes qui font une offrande de fleurs & de fruits sur un

(1) Elle est copiée d'après celle de Godefroy, dessinée par Gandat ; c'est prouver à cet Artiste qu'on ne pouvoit faire mieux. Ce jeune homme a véritablement l'amour de la Peinture, & se consacre entièrement à l'étude de son art ; aussi nous pouvons prédire avec assurance, qu'à son retour d'Italie il sera un de nos meilleurs Paysagistes.

L'ISLE DES PEUPLIERS B.N. n.° 9

autel érigé devant une statue de la Nature. On aperçoit dans un coin un enfant qui met le feu à des maillots & à différents entraves du premier âge, tandis que d'autres sautent en jouant avec un bonnet, symbole de la liberté. Les deux pilastres qui sont à côté du bas-relief, sont décorés de deux figures ; l'une représentant l'Amour, l'autre l'Eloquence, avec leurs attributs. La devise que Rousseau a justifiée par ses Ecrits, est placée sur le fronton, au milieu d'une couronne.

Vitam impendere vero.

Sur la face, du côté du nord, est écrit : *Ici repose l'homme de la nature & de la vérité.*

Sur les pilastres correspondans, on voit la Nature représentée par une mère allaitant des enfans ; la Vérité, par une femme nue, tenant un flambeau ; des vases lacrimatoires sont sculptés sur les deux petites faces : sur le fronton de ce côté, deux colombes expirent au pied d'une urne, sur des torches fumantes & renversées. Tel est, dans tous ses détails, le monument qui renferme la cendre de Rousseau.

Ce n'est pas sans peine que vous quittez *le banc des mères de famille*, pour continuer la promenade ; elle passe entre des saules qui ne font point mutilés, comme ceux qu'on rencontre ordinairement au bord des rivières. On voit deſſous un gazon auſſi frais, auſſi beau que ceux d'Angleterre (1); il s'étend juſqu'au pont (2) que vous rencontrez à l'extrémité du lac; c'eſt de là qu'il faut le regarder encore une fois dans un point de vue d'où il fait un effet extrêmement agréable; ſur la pointe d'une île qui s'avance dans ſes eaux, vous apercevez un petit monument, dont une partie eſt cachée par des buiſſons; il porte cette inſcription :

Hier liegt George-Friederich Mayer, aus Straſburg geburtig, er war ein geſchickter mahler und ein redlicher mann.

« Ci gît George-Frédéric Mayer, né à Straſbourg; c'étoit un Peintre habile & un honnête homme. »

_____

(1) Il a été femé par le jardinier Ecoſſois qui eſt à la tête des jardins d'Ermenonville, & prouve bien que ſi l'on vouloit, en France, apporter les ſoins néceſſaires à l'entretien des gazons dans les terrains humides & frais, ils feroient auſſi agréables qu'en Angleterre.

(2) Avant d'arriver à ce pont, on trouve un ſentier qui ſe dirige ſur la droite, & qui paſſe devant un obéliſque, pour s'enfoncer enſuite dans la forêt. Je conſeille à tous ceux qui viennent voir Ermenonville, de le ſuivre : l'inondation du 26 décembre 1787 a tellement dégradé la *Prairie-Arcadienne*, que la promenade en eſt devenue preſque impraticable.

LE TOMBEAU DE J. JACQUES. *N.º 10.*

La petite rivière qui fe préfente vous engage à fuivre fon cours ; elle eft ombragée par des faules, fous lefquels paffe le chemin public de *Ver* à *Ermenonville* : c'eft celui que l'on prend pour continuer la promenade le long de la prairie. Nous allons bientôt trouver des fcènes paftorales, qui nous rameneront aux fictions aimables du premier âge. Les tableaux de la Prairie Arcadienne auront tous ce caractère champêtre & fimple, fi convenable à des lieux qui font cenfés avoir été habités par de *bonnes gens*. Le ruiffeau que vous côtoyez n'a pas plus de fix pieds de large, & trois de profondeur. C'eft cependant là le petit volume d'eau dont on a tiré un fi grand parti pour former les lacs, les cafcades, & la rivière des jardins d'Ermenonville : elle fe nomme la *Nonette*. Après avoir pris fa fource au village de *Ver*, elle defcend à *Ermenonville*, *Chaalis*, *Fontaine*, *Senlis*, & va former les belles eaux qui contribuent à faire de Chantilly un féjour enchanteur : elle fe jette enfuite dans l'Oife. Peu de rivières, dans leur cours, arrofent des lieux plus agréables.

Après avoir traverfé le premier pont que l'on rencontre fur la droite, vous entrez dans un bois d'aunes, où fe trouvent une pièce d'eau

& quantité de petits ruiffeaux, dont les différentes branches féparent des touffes de bois,
qui forment autant de petites îles. Du banc,
placé fur le bord de l'eau, on jouit de la vue
de la Prairie Arcadienne dans tout fon développement. Sur le devant de ce tableau eft
une cabane de rofeaux, appuyée contre un
vieux chêne, dont les branches s'étendent au
loin pour garantir de la fureur des vents
l'habitation qu'elles ombragent. Cette fimple
demeure rappelle l'idée de la cabane de *Phi-
lémon* & *Baucis*. On lit fur la porte :

> Le fiècle d'or ne fut point fable :
> Point d'or, on n'y manquoit de rien :
> Dans ce fiècle de fer, eh bien !
> On a de l'or, on eft plus miférable.
> Le plus riche eft celui qui, fans gêne & fans foins,
> A le plus de plaifir & le moins de befoins.

Après avoir erré en fuivant le cours des
différens ruiffeaux qui ferpentent dans le bois
d'aunes, on en fort pour rentrer dans la forêt,
qui n'en eft féparée que par une petite rivière
fur laquelle eft un joli pont de bois qu'on
paffe pour arriver à un banc circulaire ; des
coudriers pliés en berceaux le couvrent, &
forment une grotte verte. Sur le grand chêne
qui eft en face, vous apercevez un trophée
champêtre, au deffous duquel on lit cette

LA PRAIRIE ARCADIENNE.

II.

(31   )

Idylle , dont la musique & les paroles sont de
M. de Gérardin.

O Chloé! je t'aime, parce que ton ame est aussi
douce que les graces qui t'embellissent. Cette grotte
de verdure, c'est moi qui l'ai faite pour toi. O Chloé!
je t'aime, parce que ton ame est aussi douce que les
graces qui t'embellissent. Elle est garantie des ardeurs
du midi ; les zéphyrs seuls y peuvent pénétrer. O
Chloé! je t'aime, parce que ton ame est aussi douce
que les graces qui t'embellissent. Au pied de son ombrage est une petite source d'eau pure ; tous les oiseaux
de ce bocage s'y rendront à ta voix ; d'ici nous pour-
rons voir nos troupeaux bondir sur la prairie voisine.
Viens, Chloé, viens dans cette retraite , & nous y serons
heureux; car non seulement je t'aime, mais je t'ai-
merai toujours, parce que ton ame est aussi douce que
les graces qui t'embellissent. Et *Chloé* aimera Daphnis,
parce qu'aucun berger ne peut l'aimer, ne peut l'aimer
mieux que lui.

Ainsi chantoit Daphnis, le berger qui planta cette
grotte verte : Chloé , du bocage voisin, entendit son
naïf chant d'amour ; elle en fut vivement touchée,
parce qu'elle sentit qu'elle étoit aimée véritablement.
O mon ami, dit - elle en s'avançant & tendant la
main à Daphnis, je viens dans ta grotte, & nous y
serons heureux ; car je t'aime plus que mon agneau
n'aime l'herbe fleurie, plus que les abeilles n'aiment
le doux parfum des fleurs (1).

(1) On trouvera la musique de cette idylle à la fin de l'Ouvrage.

La promenade se continue en suivant un chemin qui tantôt s'enfonce dans la profondeur des bois, & tantôt ramène à des clairières. Dans les points de vue intéressans, on trouve toujours des bancs ; c'est une attention du propriétaire d'en avoir placé dans tous les endroits où l'agrément du lieu donne envie de s'arrêter. Sur le tronc de deux chênes accouplés, qui servent de dossier à l'un de ces bancs, on a gravé :

Omnia junxit amor.　　VIRGILE.

« L'amour a tout uni. »

Auprès d'un autre, d'où l'on découvre la prairie, se lisent ces vers :

O charmante couleur d'une verte prairie,

Tu reposes les yeux & tu calmes le cœur ;
Ton effet est celui de la tendre harmonie,
Qui plaît à la nature & qui fait sa douceur.

Plus loin, vous êtes arrêtés par l'aspect d'un temple rustique, situé sur une éminence : il est couvert en chaume, & soutenu par des troncs d'arbres qui tiennent lieu de colonnes. Sur le fronton on lit :

Fortunatus & ille Deos qui novit agrestes !
Illum, non populi fasces, non purpura Regum
Flexit, & infidos agitans discordia fratres.

　　　　　　　　　VIRGILE.

Heureux

TEMPLE RUSTIQUE.

[library stamp]

12.

33

Heureux celui qui connut les Dieux de nos campagnes! ni les faisceaux populaires, ni la pourpre
des Rois, ni la difcorde agitant des frères divifés,
n'eût ébranlé fon ame.

Bientôt après ce temple vous trouvez un
chêne, dont la cîme élevée domine la forêt.
Cet arbre, d'une beauté rare, eft confacré à
la mémoire d'un homme vertueux.

Palémon fut un homme droit :
Il a planté ce chêne.
Que ce bel arbre foit à jamais confacré
A la droiture & à la probité ;
Que la foudre & le méchant s'en écartent.

Le fentier s'éloigne de la rive fraîche &
fleurie de la petite rivière, pour ferpenter
dans la forêt, & conduire à des points de
vue dont le genre agrefte rappelle ces fcènes
paftorales, embellies par la brillante imagination des Poëtes qui ont chanté les amours
des Bergers & les mœurs du fiècle d'or ;
il ramène enfuite fur le bord du ruiffeau, à
l'endroit où l'on a placé un petit obélifque.
Ce monument, fitué près du chêne de Palémon, eft conftruit en brique, dont la couleur
rougeâtre s'accorde parfaitement avec la teinte
myftérieufe que répand fur cet afile le vert
fombre des aunes qui l'environnent de toutes
parts. Chacune des faces de cet obélifque eft

C

dédiée à l'un des Poètes qui ont excellé à préfenter les douces images de la nature.

Dem Salomon Gefner.
Er hat gemahlet was er
Gefagt hat.

» A Salomon Gefner. Il a peint ce qu'il a dit «.

Thompfon,
Like the circling fun; his
Warm genius
Coloured and vivified every
Seafon of the year.

» Semblable au foleil dans fon cours, le génie brûlant
» de Thompfon colora & vivifia les faifons «.

Genio P. Virgilii Maronis
Lapis iste, cum luco, facer esto.
« Que cette pierre & ce bois foient confacrés au
» génie de Virgile ».

Θεύκριτ῾ Ἀπολλων φιλω, Μωσῆς τε δίης,
Συν τησιν δ᾽ ὕδαν ἤρξα῾το Βωκολι ίκων.

« A Théocrite, Poëte chéri d'Apollon & des divines
» Mufes, qui lui apprirent à chanter les Bergers ».

Auprès de l'obélifque, fur une pierre de taille couchée au pied d'un groupe d'aunes, on lit les vers fuivans.

This plain ftone
To William Shenftone
In his verfes he difplay'd
His mind natural

L'OBELISQUE.

11.

13

35

At Leasowes (1) he lay'd
Arcadian greens rural.
Venus fresh rising from the foamy tide,
She ev'ry bosom warms,
While half withdrawn she seems to hide
And half reveals, her charms.
Learn hence, ye boastful sons of taste!
Who plan the rural shade,
Learn hence to shun the vicious waste
of pomp, at large display'd.

« Cette simple pierre est dédiée à W. Shenstone; dans ses vers il déploya un génie facile & naturel; à Leasowes il rappela les sites touchans & champêtres de l'Arcadie.

» Vénus, sortant de l'écume de l'onde, embrase tous les cœurs, lorsque, se dérobant aux yeux, elle semble voiler à moitié des charmes qu'elle laisse pourtant entrevoir. Apprenez de là, vous qui vous vantez d'être les enfans du goût, & qui dessinez les jardins champêtres, apprenez à éviter la profusion vicieuse d'une magnificence étalée tout à la fois ».

Le chemin qu'on voit s'enfoncer dans la forêt sous des coudriers touffus, est celui qu'il faut prendre en quittant l'obélisque : il conduit à une hauteur, sur laquelle se trouvent plusieurs sorbiers aux grapes couleur de feu. Ce fut là que les ouvriers, occupés à briser

(1) Leasowes est dans le comté de Salop, sur le chemin de Birmingham à Bewdeley; il n'y a point en Angleterre de jardin plus délicieux & plus poétique : il a été dessiné par le Poëte Shenstone, auquel il appartenoit.

C ij

un rocher pour conftruire l'hermitage, entendirent la terre retentir fous leurs coups. Pour
de pauvres gens, tout endroit qui réfonne
ainfi, recèle un tréfor. Auffi-tôt on fouille,
on cherche, on découvre un *feuil* & des *jam-
bages* de porte; mais au lieu d'or, il ne fe
trouve que des pierres à fufil, un éperon
de fer, & quantité d'offemens; c'eft ce que
conftate l'infcription gravée fur un piédeftal
à l'entrée du caveau.

Hic fuerunt inventa plurima
Offa occiforum, quando
Fratres fratres, cives cives trucidabant.
Tantùm Religio potuit fuadere malorum!

Ici furent trouvés beaucoup d'offemens de gens maf-
facrés, dans ces temps où les frères égorgoient leurs
frères, & les citoyens leurs concitoyens. Tant le fana-
tifme a pu caufer de maux!

On s'éloigne volontiers de ce monument
de barbarie, qui rappelle des temps d'horreurs & de calamités, où l'amour de Dieu
fervit de prétexte à la fureur des hommes.
Affez près de cette efpèce de *catacombe*,
fe trouve l'Hermitage, dont nous avons donné
la *vue*. Un petit enclos, fait de pâlis, forme
l'emplacement du jardin; comme il n'y a point
d'hermite, il n'eft point cultivé: plufieurs fe
font préfentés pour l'habiter, mais n'ont pas
été admis. Je le conçois facilement; il étoit

à craindre que leur perfonne n'ajoutât rien
à l'agrément de leur habitation.

L'intérieur de l'hermitage eft menblé avec
toute la fimplicité qui convient au caractère
du bâtiment ; on a évité le mauvais goût de
ceux qui ont placé dans des fabriques du
même genre tous les uftenfiles monaftiques,
depuis le fablier jufqu'à la tête de mort ;
détails qui n'offrent que le tableau dégoûtant
de l'ignorance & de la fuperftition, & on
s'eft éloigné de l'excès, encore plus ridicule,
de ceux qui les ont décorés avec un luxe
recherché, imaginant que la richeffe de l'intérieur devoit faire un contrafte agréable avec
l'afpect ruftique de l'extérieur.

Sur la porte de l'Hermitage fe lifent ces
deux vers :

Au Créateur j'élève mon hommage,
En l'admirant dans fon plus bel ouvrage.

Si vous defcendez par l'efcalier de l'Hermitage, vous vous trouvez dans un vallon
refferré entre des bois épais, & des pentes
couvertes de fougère. La route de la gauche
conduit, en tournant, au fommet de la côte,
fur laquelle eft fitué le Temple de la Philofophie, qui fait un fi bel effet de tous les
points dont il eft aperçu.

Cette fabrique fait le devant d'un tableau

C iij

dont la compofition ne laifferoit rien à défirer, fi l'on n'apercevoit pas le château dans le fond. Il faut avouer pourtant qu'il eft moins défagréable de ce point de vue, que de tout autre, parce qu'il eft en partie caché par des groupes d'arbres ; cependant fa lourde maffe & fes toits élevés font un contrafte choquant avec le ftyle noble & élégant du Temple. Ce monument, érigé à la Philofophie moderne, eft dédié à *Michel Montagne*, comme on le voit par l'infcription placée dans l'intérieur du bâtiment.

Hoc Templum inchoatum Philofophiæ nondùm perfectæ Michaëli Montagne, qui omnia dixit, facrum efto.

Que ce temple de la Philofophie, qui eft encore imparfaite, foit confacré à Michel Montagne, qui a tout dit.

Sur le fronton de la porte :

Rerum cognofcere caufas.   VIRGILE.

Connoître le principe des chofes.

Sur une colonne brifée, à l'entrée du temple :

Quis hoc perficiet ?

Qui l'achevera ?

Sur la bafe de la même colonne :

Falfum ftare non poteft

Le faux ne fauroit fubfifter.

LE TEMPLE DE LA PHILOSOPHIE.

14

Cette grande vérité eût été mieux placée
fur une partie du Temple qui auroit eu l'air de
s'en être détachée. Chacune des six colonnes,
d'ordre toscan, qui soutiennent la rotonde, est
consacrée à la mémoire d'un grand Homme
qui fut utile à ses semblables par ses Ecrits
ou par ses découvertes.

N E W T O N.

Lucem . . . . La Lumière.

D E S C A R T E S.

Nil in rebus inane. . . . Nul vide dans la Nature.

V O L T A I R E.

Ridiculum . . . . Le Ridicule.

W. P E N N.

Humanitatem . . . . L'Humanité.

M O N T E S Q U I E U.

Justitiam . . . . La Justice.

J. J. R O U S S E A U.

Naturam . . . . La Nature.

On aperçoit autour du Temple des mor-
ceaux d'entablemens, des chapiteaux, des
colonnes, & tous les matériaux nécessaires
pour achever la rotonde. Ces colonnes atten-
dent, pour être élevées, ces Génies privilégiés
qui paroissent un instant pour honorer leur
patrie & éclairer leurs semblables : peut-être
resteront-elles ainsi couchées pendant plusieurs.

fiècles; car il eft bien plus facile d'obtenir une place à l'Académie, que de mériter une colonne au Temple d'Ermenonville.

On s'éloigne de ce monument, dont l'idée allégorique eft grande & fublime, en fuivant une route ombragée & folitaire : après quelques détours, elle ramène à cette place circulaire qu'on traverfe en arrivant à Ermenonville, & du milieu de laquelle s'élève un hêtre majeftueux, qui, par fa hauteur prodigieufe & la beauté de fes formes, a l'air d'être l'arbre facré de la forêt. On a conftruit autour de fon tronc un orcheftre champêtre. C'eft fous l'ombrage de cet arbre fuperbe, que les payfans fe raffemblent les Fêtes & Dimanches. Dès que les fons aigres & faux des Menétriers fe font entendre, toute la jeuneffe s'anime; chaque garçon va choifir une fille : fon cœur conduit fa main ; & tous fe mettent à fauter en cadence, ou à peu près. C'eft dans ces bals ruftiques que prennent naiffance les amours des villageois, amours qui commencent par le plaifir, pour finir par le mariage.

On a conftruit à l'entrée de la place un grand bâtiment couvert en planches; s'il furvient un orage, les villageois peuvent s'y mettre à l'abri, & continuer leurs danfes.

LE GROS HÊTRE   15

41

Celui qui n'a qu'un feul jour dans la femaine pour fe divertir, ne doit pas perdre un feul moment. On a raffemblé tous les jeux autour de ce lieu confacré aux plaifirs du village. Si la jeuneffe fe réunit aux fons des violons, les hommes d'un âge mûr pouffent d'un bras vigoureux la balle dans les airs, tandis que d'autres, d'un poignet ferme & nerveux, s'exercent à lancer la flèche qui doit un jour leur mériter le *gobelet* d'argent promis au plus adroit. Sur l'arcade qui fe trouve au milieu du jeu d'arc, on lit cette devife :

In medio virtus.

Les bons vieillards, dont les forces ne leur permettent plus de fe livrer à ces exercices, font encore heureux, en répétant que dans leur temps on étoit bien plus agile, bien plus adroit.

Mais fuivons le chemin qui côtoye le jeu de paume ; la mufique champêtre, le bruit du battoir qui renvoie la balle, les chants des villageoifes, les cris des enfans fe confondent ; & à mefure que vous vous éloignez, la futaie reprend fon caractère filencieux. Elle eft compofée de jeunes charmes, dont les rameaux, en fe réuniffant en berceau, loin de produire une obfcurité profonde, ne

préfentent qu'un jour égal & doux, qui re-
pofe les yeux & convient fi fort à l'ame.

L'afpect d'un autel carré, femblable à ceux
des Druides, vous fait fortir de cette mélancolie fi douce dans laquelle le calme des
bois vous plonge prefque malgré vous. Cet
autel eft placé à côté d'un chêne antique,
auquel eft fupenfdu un large bouclier qui
porte l'infcription fuivante.

> Que ce vieux chêne efmy, cet ancien bois,
> De nos aïeux nous ramente l'ufage ;
> Par la fageffe ils choififfoient leurs Rois,
> Leurs Généraux par le courage.
> Le vice n'étoit point, chez ces braves Gaulois,
> Objet dont on ne fît que rire :
> Plus fort que n'eft ailleurs celui des bonnes lois ;
> Des bonnes mœurs chez eux plus fort étoit l'empire.
> Tout enfant par fa mère étoit lors allaité,
> Et leurs femmes étoient leurs confeils, leurs oracles,
> Et n'eftimoient de dignes tabernacles,
> Pour rendre culte à la Divinité,
> Fors du dôme des cieux les voûtes éternelles,
> Ou des chênes anciens les ombres folennelles.

Déjà le jour devient plus vif, les rayons
du foleil plus brillans, l'ombrage eft moins
épais, la vivacité de la lumière augmente à
chaque pas ; tout vous annonce que la futaie
va finir. Effectivement vous arrivez bientôt
au grand chemin de fable qui fépare le Défert

de l'enclos de la forêt. Sur un arbre isolé vous lisez ces vers d'Horace :

Tantum juvat (1) *silvas interreptare salubres*
Curantem quidquid dignum sapiente, bonoque est.

HORACE, *Lib.* 1 , *Epit. IV.*

Quel plaisir d'errer dans les bois pour celui qui médite sur tous les objets dignes des recherches de l'honnête homme & du Sage.

De l'autre côté du chemin de *Senlis* à *Ermenonville*, on trouve une baraque construite avec de vieilles souches placées les unes sur les autres ; ce qui lui donne un caractère rustique ; mais non pas une forme pittoresque. Ce changement de scène auroit pu être préparé par un bâtiment d'un style plus prononcé. On lit sur la porte de celui-ci :

Le Charbonnier est maître chez lui.

J'avois vu cette inscription en voyageant en Angleterre, & n'en fus point étonné....

Après avoir traversé cette baraque, on entre dans la partie du parc appelée le *Désert*. Que le pays qui se présente alors à vos yeux est beau, vaste, & magnifique !

Un terrain inculte, couvert de productions de toute espèce, une immense quantité de genêts, dont la fleur dorée produit un coupd'œil ravissant ; des côtes de bruyères, des

_____

(1) Horace a dit : *An tacitum silvas interreptare salubres.*

fonds de fable, des rochers couronnés de pins,
une grande étendue d'eau, des genevriers
auffi vieux que le monde, des forêts, des
montagnes à l'horizon fe perdant dans la
vapeur. L'abbaye de Chaalis, aperçue dans le
lointain, femble avoir été placée exprès pour
achever de donner un caractère mélancolique
à ce pays, dont l'afpect fauvage n'a pourtant rien d'effrayant.

Dans ce lieu, la main de l'homme auroit
profané la Nature; il falloit fe contenter d'en
jouir, de l'admirer, & fur-tout n'y rien changer; des fentiers femblables à ceux des chaf-
feurs, pour amener dans les points de vue
les plus intéreffans, voilà tout ce qu'il falloit
y faire. Le propriétaire d'*Ermenonville* a
donné trop de preuves de goût dans la compofition de ces jardins, pour ne l'avoir pas
fenti; auffi cette partie du parc eft-elle unique
dans le monde. Elle forme une oppofition
fi fingulière avec le pays que vous avez traverfé, qu'on s'y croit tranfporté par un art
magique.

Parcourons-en les détails, quelques vues
en donneront une légère idée; car la Peinture
ne peut qu'être bien imparfaite auprès d'un
pareil modèle : il eft des fituations que le
pinceau ne peut rendre.

pitie,
nien
fins
a la
ne le
pera
ilque
pou-

ment
qu
chac-
chef-
vne
ailles
lle a
coni-
r pas
nque e
firme

im-
i gra

vues
mtre
fites
s le

VUE PRISE DE L'ORME HEUREUX.

19

L'*orme heureux* qui eſt tout près de la ca-
hutte du Charbonnier, offre une vue ſi bien
compoſée, que je lui ai donné la préférence
dans la quantité que j'aurois pu choiſir :
beaucoup de gens inſtruits, en liſant ſur cet
arbre , *Le voici cet orme heureux où ma
Louiſe a reçu ma foi* , ſe ſont rappelé l'a-
riette du *Déſerteur* ; ils ont effacé *ma foi* ,
pour y ſubſtituer *mes vœux*.

Le ſentier que vous ſuivez traverſe un
petit bois de pins, & conduit ſur une hauteur où eſt pratiquée une grotte cintrée ,
ſoutenue par un pilier. On y lit ces quatre
vers gravés ſur le roc :

Vois-tu, paſſant, cette roche creuſée ?
  Elle mérite ton reſpect :
Elle a ſervi, toute brute qu'elle eſt,
Pour abriter la Vertu couronnée.

Cette grotte, ou plutôt ce banc couvert,
préſente un aſile commode pour jouir de la
ſuperbe vue que l'on découvre de la roche
Joſeph. Si l'on me reprochoit de ne l'avoir
pas fait graver, je répondrois qu'elle étoit
trop étendue pour être réduite dans un auſſi
petit format ; d'ailleurs les vues à vol d'oi-
ſeau, qui produiſent ſouvent un effet agréable
par leur immenſité & leur variété , ſont ordinairement très-ingrates en peinture, où la mul-

tiplicité des détails nuit à l'effet général. Je
demandai à mon conducteur, avant de quitter
cet endroit, l'explication des vers de l'infcription. Il me dit que l'Empereur étant venu
voir *Ermenonville*, la pluie l'avoit surpris
dans ce lieu, & qu'il s'étoit mis à couvert
sous cette grotte ; c'est depuis ce temps qu'elle
est appelée la *roche Joseph* ; & M. de Gérardin a voulu consacrer ce petit événement
par ces quatre vers. J'avoue que je fus fâché
que cet hommage à *Joseph* II vînt troubler
dans mon esprit l'idée d'égalité que l'aspect
d'un désert y avoit fait naître.

En suivant le sentier tracé à mi-côté, vous
trouvez écrit sur un tronc de genevrier :
Sentier des Peintres. Que tous ceux qui
n'ont rien senti en parcourant l'enclos de la
forêt, qui n'ont rien éprouvé lorsque le
tableau du Désert s'est présenté à eux dans
tout son développement, enfin que ceux qui
ne sont venus ici que pour pouvoir dire,
& moi aussi j'ai vu Ermenonville, s'arrêtent
là. Que gagneroient-ils à poursuivre ? Rien.
En descendant la montagne, ils arriveront
à la maison de *Jean-Jacques* par un chemin
plus court & plus facile, & n'en auront pas
moins vu *Ermenonville.* Mais que ceux qui
cultivent les arts ou qui en ont le sentiment,

LE DESERT

17

suivent le *sentier des Peintres* ; il est fait pour les gens de goût, les Artistes, & les Amateurs ; le plaisir qu'ils éprouveront les dédommagera de la fatigue de monter & descendre à tous momens pour suivre un chemin tortueux, par lequel on arrive à des points de vue différens, qui portent tous un caractère sauvage & étranger. Le jeune Elève qui brûle de marcher sur les traces des grands Maîtres, y trouvera, à chaque pas, de quoi faire des études qui l'aideront à s'en approcher ; & l'Artiste consommé pourra y étudier aussi les formes heureuses, variées, & pittoresques des geneviers, qui ne sont nulle part aussi beaux ni en aussi grand nombre qu'ici.

Après avoir parcouru cette côte couverte d'arbres verts, & embellie de toutes les productions sauvages de la Nature, vous descendez dans une vallée de sable blanc, d'où l'on découvre des collines sablonneuses, couvertes de bruyères, d'une immense étendue, & terminées par la forêt : une chaîne de rochers couronnés de pins, forme le devant de ce tableau de *Salvator* ; c'est en ce lieu aride, agreste, inhabité, que l'homme peut se convaincre qu'il est dans la Nature des situations qu'elle n'a point créées pour lui. O vous, ames sensibles, que l'aspect de ce Désert

ne vous effarouche pas ! venez le parcourir ;
le souvenir de l'objet aimé vous accompa-
gnera dans vos promenades solitaires ; & vous
aussi, homme juste, victime de la méchanceté
de vos semblables, vous pourrez y trouver
quelques adoucissemens à vos peines ; mais
que le méchant s'en écarte, il y seroit seul
avec lui-même.

Après avoir traversé cette vallée sablon-
neuse, & s'être arrêté au banc placé près
d'un buisson de genevrier, on arrive au pied
des rochers : un petit sentier qui prend sur
la droite vous les fait parcourir, & donne
des tableaux assez agréables, pour ne pas
trop vous apercevoir de la difficulté du chemin qui vous fait gravir à travers les rocs,
pour vous mener enfin au sommet, sur lequel
s'élève une maison couverte en chaume : l'intérieur est tout en rochers ; on lit sur celui
qui est en face de la porte : *Jean-Jacques*
est immortel. Le temps, qui détruit tout, peut
effacer cette inscription, mais elle se gravera
successivement dans tous les cœurs sensibles,
tant qu'on lira les Ouvrages de Rousseau.
Cette chaumière est la plus ancienne fabrique
des jardins d'Ermenonville ; elle fut dédiée
à J. J., dont elle porte le nom, & qu'elle
conservera sans doute. Des bancs de mousse,

pratiqués

VUE PRISE DE LA CABANE DE J. JACQUES. N.° 18.

pratiqués en avant, invitent à se repofer dans cet endroit. On y joüit de la vue du lac, de la tour de Gabrielle, d'une échappée de la rivière. L'eftampe donne une idée de cette fuperbe fituation. En parcourant les environs de la maifon, on trouve gravés, fur plufieurs quartiers de rocs, différens paffages des Ecrits de Rouffeau. Les voici :

Celui-là eft véritablement libre, qui n'a pas befoin de mettre les bras d'un autre au bout des fiens pour faire fa volonté.

C'eft fur la cîme des montagnes folitaires que l'homme fenfible fe plaît à contempler la Nature ; c'eft là que, tête à tête avec elle, il en reçoit des infpirations toutes puiffantes, qui élèvent l'ame au deffus de la région des erreurs & des préjugés.

Tout ici retrace à vos yeux la fituation de Meillerie ; tout rappelle à votre cœur l'idée de Saint-Preux écrivant à Julie, appuyé fur un quartier de roc qui lui fervoit de table ; c'eft là qu'il faut venir, au lever du foleil, lire cette lettre brûlante qui décida Julie ; c'eft là qu'il faut venir renouveler aux pieds de fa maîtreffe le ferment de l'aimer toujours.

On s'éloigne à regret d'un lieu où les idées s'agrandiffent & s'élèvent en rendant hommage au brûlant Auteur de l'Héloïfe ; le cœur eft vivement ému par le fouvenir que J. J. fo

D

repofoit fouvent dans cet endroit, après avoir
herborifé aux environs : ici tout eft rempli de
l'idée de Rouffeau. C'eft le droit du génie
d'imprimer un caractère facré à tous les lieux
qu'il habita.

Mais reprenons le fentier : il conduit fur
les bords du grand lac, à un banc ombragé
par des aunes. De là vous voyez les eaux
baigner les rochers couverts de rofes fauvages, de chevrefeuils, de fapins. *C'eft le
monument des anciennes amours.* Si une bar-
que eft arrêtée fur le rivage, elle amène Julie
& fon amant ; ils parcourent ces promenades
folitaires ; Saint-Preux fait remarquer à Julie
leurs chiffres entrelacés, le caillou qui lui
fervit de burin ; il lui fait lire cette infcription.

Ma pur sì afpre vie, nè sì felvagge
Cercar non fo, ch'amor non venga fempre
Ragionando con meco ed io con lui. *PETRARCA.*

« Point ne faurois trouver chemins fi difficiles ni
» lieux fi fauvages, que l'Amour n'y vienne toujours
» raifonner avec moi, & moi avec lui. »

Plus loin elle voit ce paffage de Pétrarque:

Chi non fa come dolce ella fofpira,
E come dolce parla, e dolce ride ?

« Qui ne fait comme elle foupire, comme elle
» parle, & comme elle fourit avec douceur » ?

MONUMENTS DES ANCIENNES AMOURS.

19

Il lui lit celui-ci :

Di penfier' in penfier, di monte in monte,
Mi guida amor, e pur nel primo faffo
Difegno con la mente il fuo fegno.

« De penfers en penfers, de montagnes en mon-
» tagnes l'Amour me guide, & fur le premier rocher
» mon imagination fe plaît à deffiner fon chiffre ».

Ici tout eft plein de l'image de Julie ; elle
ne peut faire un pas fans en avoir de nou-
velles preuves. Madame de Wolmar, touchée
de tant d'amour, va redevenir Julie ; elle le
craint ; elle prend le bras de Saint-Preux, &
lui dit : *Allons-nous-en, mon ami, l'air de
ce lieu n'eft pas bon pour moi.*

Quelle différence, me dira-t-on, de ces
monts qui s'élèvent dans les nues, de ces rochers qui fe perdent dans les airs, de ces
fapins auffi vieux que le monde, à ces objets
qui font devant moi ? J'en conviens ; mais
ceci en eft le tableau en miniature. L'imagination qui voudroit vous tranfporter dans ces
lieux confacrés par la profe de Rouffeau,
agrandit les objets : fi le charme de la lecture
de l'Héloïfe, ou les fouvenirs délicieux de
cet Ouvrage viennent s'y joindre, alors l'il-
lufion eft complète, & vous n'êtes plus à
Ermenonville.

D ij

Mon conducteur, en m'avertiffant qu'il falloit continuer la promenade, produifit fur moi l'effet du réveil, après un fonge agréable. Je fuivis le fentier le long du lac, qui, refferré par une île, prend la forme d'une petite rivière. La vue eft arrêtée, à droite, par des arbres plantés fur le rivage; à gauche, on découvre une montagne de bruyères, couronnée d'une forêt de pins. Ce caractère fauvage & retiré prête un charme fi grand à ce payfage, qu'on ne peut s'empêcher de dire avec Rouffeau:

La Nature fuit les lieux fréquentés; c'eft au fond des forêts, au fommet des montagnes, & dans les déferts qu'elle étale fes charmes les plus touchans.

Que ceux qui ne craignent ni les ardeurs du foleil, ni l'âpreté des montagnes, fuivent les hauteurs du défert en côtoyant le bois de pins qui couvre le fommet de la côte. La beauté, la variété des afpects & des payfages qu'ils trouveront fur leur route, les dédommagera de la fatigue; mais, je le répete encore, il eft des beautés dans la Nature qui ne peuvent être fenties que par des Artiftes ou des gens de goût; c'eft pourquoi l'on a fait paffer la promenade au bord de l'eau, pour l'abréger

& la rendre moins pénible. Les effets qu'elle
préfente ne font pas auffi imposans, mais ils
n'en font pas moins agréables.

A l'endroit où la rivière vient rejoindre le
lac, on traverse une chauffée qui le fépare
d'avec une autre pièce d'eau beaucoup plus
petite. On y a conftruit une baraque, appelée
la *Maifon du Pêcheur*. C'eft un banc abrité,
d'où l'on jouit de deux vues d'un genre différent; l'une eft celle du lac dans fa plus
grande étendue, l'autre eft celle d'une partie
de l'abbaye de *Chaalis* qu'on aperçoit à travers les groupes d'arbres. La petite pièce
d'eau fait le devant de ce payfage, qui rappelle le genre de *Ruifdall* & de *Vangoyen*.

En quittant la maifon du Pêcheur, entrez,
à droite, dans un bois planté fur une côte.
D'abord les arbres ne vous laiffent qu'entrevoir les eaux du lac; mais bientôt on
arrive fur fes bords, d'où l'on découvre toute
la côte de J. J. & la forêt de pins. Je ne
veux point effayer de décrire les charmes de
cette promenade; cette tâche feroit trop au
deffus de mes forces; je ne pourrois jamais
rendre les effets du foleil couchant, dont les
derniers rayons viennent dorer les rochers, &
forcer encore la teinte noirâtre des arbres
verts, le calme enchanteur qui règne autour

D iij

des eaux après le coucher du soleil, l'odeur
fuave & délicieufe du muguet, dont la Nature
a pris foin de tapiffer la colline de la gauche.
C'eft dans les premiers jours de Mai que cette
délicieufe fleur répand fon doux parfum;
c'eft auffi dans ce temps qu'il faut voir *Erme-*
nonville; c'eft dans la jeuneffe de la nature
qu'il faut venir l'admirer.

En remontant la colline boifée, vous
arrivez au banc des genevriers, d'où l'on a
pris une vue fort agréable de la paroiffe d'*Er-*
menonville. Non loin de là vous traverfez un
grand chemin de fable ; c'eft une communication de village : on n'a point cherché à
en féparer la partie du parc appelée le *Défert.*
Dans un endroit où la Nature n'eft belle que
de fes propres beautés, elle appartient à tout
le monde, & tout le monde doit en jouir.
Si l'on aperçoit de temps en temps des pâlis,
ils n'ont point été faits pour en défendre
l'entrée, mais feulement pour empêcher que
les bêtes *fauves* ne viennent détruire les arbres
verts. Ce chemin fépare le Défert de l'enclos
de la Prairie. L'œil, fatigué des grands effets
de la Nature & de la couleur *laqueufe* des
bruyères, des tons dorés, des fables, & des
fleurs de genêt, va fe repofer avec un nou-
veau charme fur ce vert tendre & doux qui

20

LE HAMEAU.

est la robe de la Nature. Les tableaux offri-
ront moins de grands effets, la couleur sera
plus monotone; s'ils sont moins pittoresques,
ils seront plus aimables, & plairont plus géné-
ralement.

Pour arriver à l'enclos de la Prairie, vous
prenez la première route à gauche; elle traverse le bois du Rossignol : il est marécageux,
& n'est point encore arrangé pour la promenade; on pourroit, en le desséchant, con-
server de petits ruisseaux, tirer parti de la
source minérale qui s'y trouve, pour la faire
sortir d'une fontaine semblable à celle de la
Nymphe Egérie. Cette fabrique jetteroit un
grand intérêt sur la composition de ce bocage. Dans le genre symétrique, le plan une
fois exécuté, tout est fini; mais quand on
ne prend que la belle Nature pour modèle,
il reste toujours quelque chose à faire pour
s'en rapprocher davantage & pour atteindre à
la perfection.

En sortant de ce bois d'aunes, vous trouvez
sur la droite une chaussée en dehors des limites
du parc. Par-tout l'œil se repose avec délices
sur de belles prairies; elles sont circonscrites
entre deux lignes de bois. La jolie rivière
dont vous apercevez le cours, ajoute un
grand charme à ce pays champêtre. Il faut

s'arrêter un inſtant au ſecond pont de pierre qui ſe trouve ſur la route, pour regarder, de ce point, l'effet agréable du tableau du moulin.

Vous rentrez dans le parc, à l'endroit où le trop plein de la rivière vient former une caſcade, ſous un petit pont d'une ſeule arche. Vous arrivez bientôt après à une maſſe de peupliers qui cache un bâtiment extrêmement bas & couvert de dalles; il renferme une ſource abondante & limpide, qui fournit de l'eau à l'abbaye de Chaalis; c'eſt un re-gard (1) concédé aux Religieux par les an-ciens Seigneurs d'Ermenonville. Si nous en donnons la vue, ce n'eſt pas qu'elle ſoit extrêmement pittoreſque, c'eſt ſeulement pour faire voir le parti qu'on peut tirer, dans un jardin, d'un objet qu'il eſt impoſſible de dé-placer. Une urne de marbre, une porte d'un bon ſtyle ont achevé de donner à ce réſer-voir la forme d'un tombeau. Ces vers de Pétrarque qui ſont au deſſus de la porte, font ſuppoſer que c'étoit celui de *Laure*; c'eſt le nom de celle qu'il aimoit & qu'il a chantée; c'eſt auſſi le nom de ce monument.

_____

(1) C'eſt un mot uſité dans le pays pour exprimer une fontaine couverte.

LE MOULIN.

21.

57

Non la conobbe il mondo mentre l'ebbe :
Conobbil' io, ch'a pianger qui ramafi.

« Le monde ne la connut pas lorfqu'il la poffédoit,
» mais je la connus bien, moi qui fuis refté ici pour
» la pleurer. »

Sur la face oppofée à la porte, on lit :

Chiare, frefche, e dolci acque,
Ove le belle membra
Pofe colei che fola a me par donna ;
Se lamentar augelli, o verdi fronde
Mover foavemente all'aura eftiva,
O roco mormorar di lucid' onde
S'ode d'una fiorita, e frefca riva ;
Là' v'io feggia d'amor penfofo, e fcriva ;
Lei che'l ciel ne moftrò, terra n'afconde.

PETRARCA.

« La feule qui me parut belle dans la Nature,
» vint rafraîchir fes appas dans cette onde douce, pure,
» & limpide.

« Occupé de penfers d'amour, je viens dans ces
» lieux, où l'on entend les oifeaux fe lamenter, le
» doux zéphyr agiter mollement les feuillages, le
» murmure des eaux limpides qui arrofent une rive
» fraîche & fleurie ; & j'écris, *Celle que le ciel nous*
» *montra, la terre nous la cache* ».

Lorfqu'on a traverfé une auffi grande étendue de prairie, expofée aux ardeurs du midi,
quel plaifir n'éprouve-t-on pas en arrivant
dans le joli bois d'aunes, qu'on appelle le
Bocage ! L'entrée en eft annoncée par un

bâtiment (1) d'une forme ronde, avec cette dédicace : *Otio & Mufis*, *au Loifir & aux Mufes.* Il tombe en ruine ; l'on ne paroît pas difposé à le faire rétablir : on fent combien il eft déplacé.

Suivez ce fentier qui fe préfente à vous ; il conduit à une grotte cintrée, où vous trouverez un banc de mouffe : l'on s'y arrête avec raviffement, pour y jouir de la fraîcheur qui règne dans ces lieux. Vis-à-vis eft un baffin d'une eau claire & limpide, du fond duquel s'élèvent, en bouillonnant, fept fources différentes, dont l'une apporte une grande quantité d'un fable blanc & fin ; ce fable forme le lit du petit ruiffeau qui fait le charme & l'ornement du Bocage. Les ombrages épais de l'aune à la feuille noirâtre permettent à peine au foleil de jeter, à travers fes maffes, des jours douteux & inégaux. Une petite cafcade d'une eau tranfparente donne, par fon doux murmure, un charme de plus à cette délicieufe retraite. C'eft ici, Peinture, qu'il faut quitter tes pinceaux ; ce tableau

(1) Voilà, avec les deux ponts du côté du nord, les feuls monumens des travaux d'un Architecte qui, dans fa théorie des jardins, veut faire entendre, d'une manière fort adroite, qu'il eft le créateur de ceux d'Ermenonville.

n'est point fait pour toi, tu ne saurois rendre
son effet séduisant : tes droits finissent lorsque
la Nature cesse de parler aux yeux ; c'est à
la Poésie à s'en emparer, lorsqu'elle parle à
l'imagination ; c'est à la Poésie seule qu'il
appartient de donner l'idée d'un bocage où rien
n'est pittoresque, & où tout est enchanteur;
c'est elle qui doit animer cette scène par le
ramage des oiseaux & les épisodes du génie ;
c'est elle aussi qui a fixé le caractère de cet
asile par les huit derniers vers de l'inscription
que voici :

O limpide fontaine ! ô fontaine chérie !
    Puisse la sotte vanité
Ne jamais dédaigner ta rive humble & fleurie;
Que ton simple sentier ne soit point fréquenté
    Par aucun tourment de la vie,
    Tels que l'ambition, l'envie,
    L'avarice, & la fausseté !
Un bocage si frais, un séjour si tranquille,
Aux tendres sentimens doit seul servir d'asile;
Ces rameaux amoureux, entrelassés exprès,
Aux Muses, aux Amours offrent leur voile épais;
    Et le cristal d'une onde pure
    A jamais ne doit réfléchir
    Que les graces de la Nature
    Et les images du plaisir.

Ce n'est qu'avec peine qu'on parvient à
s'arracher d'un lieu fait pour plaire à tous
les âges : la jeunesse voudroit y venir sou-

pirer le plaisir, l'âge mûr y vivre de *souve-nances*, & la vieilleſſe y rêver l'avenir.

Le ſentier ſerpente au gré d'un ruiſſeau que vous traverſez ſur un petit pont de bois; il vous conduit au bord d'un baſſin d'une eau tranſparente & pure, qui vient tomber en différentes petites caſcades, pour former le joli ruiſſeau qu'on vient de côtoyer. Au-près de la première chûte, à l'ombre d'un ſaule pleureur, on aperçoit un monument dans le goût antique. On y lit ces deux inſcriptions :

Qui regna l'Amore.

« Ici règne l'Amour. »

L'acque parlan d'amore ;
E l'aura, e i rami,
E gli augeletti, e i peſci ;
E i fiori, e l'erba.   PETRARCA.

« Les eaux, le zéphyr, les feuillages, les petits » oiſeaux, les poiſſons, les fleurs, le gazon, tout » parle ici d'amour. »

Le ſentier vous mène, en tournant, ſur le bord de la grande rivière, que vous tra-verſez dans un *va & viens*, vis à vis de la tour de Gabrielle; mais, tandis que vous avancez, votre penſée vous ramène au Bo-cage : c'eſt ainſi que le ſouvenir peut encore rendre heureux, lorſqu'on vient de ceſſer de l'être.

TOMBEAU DE LAURE. *22.*

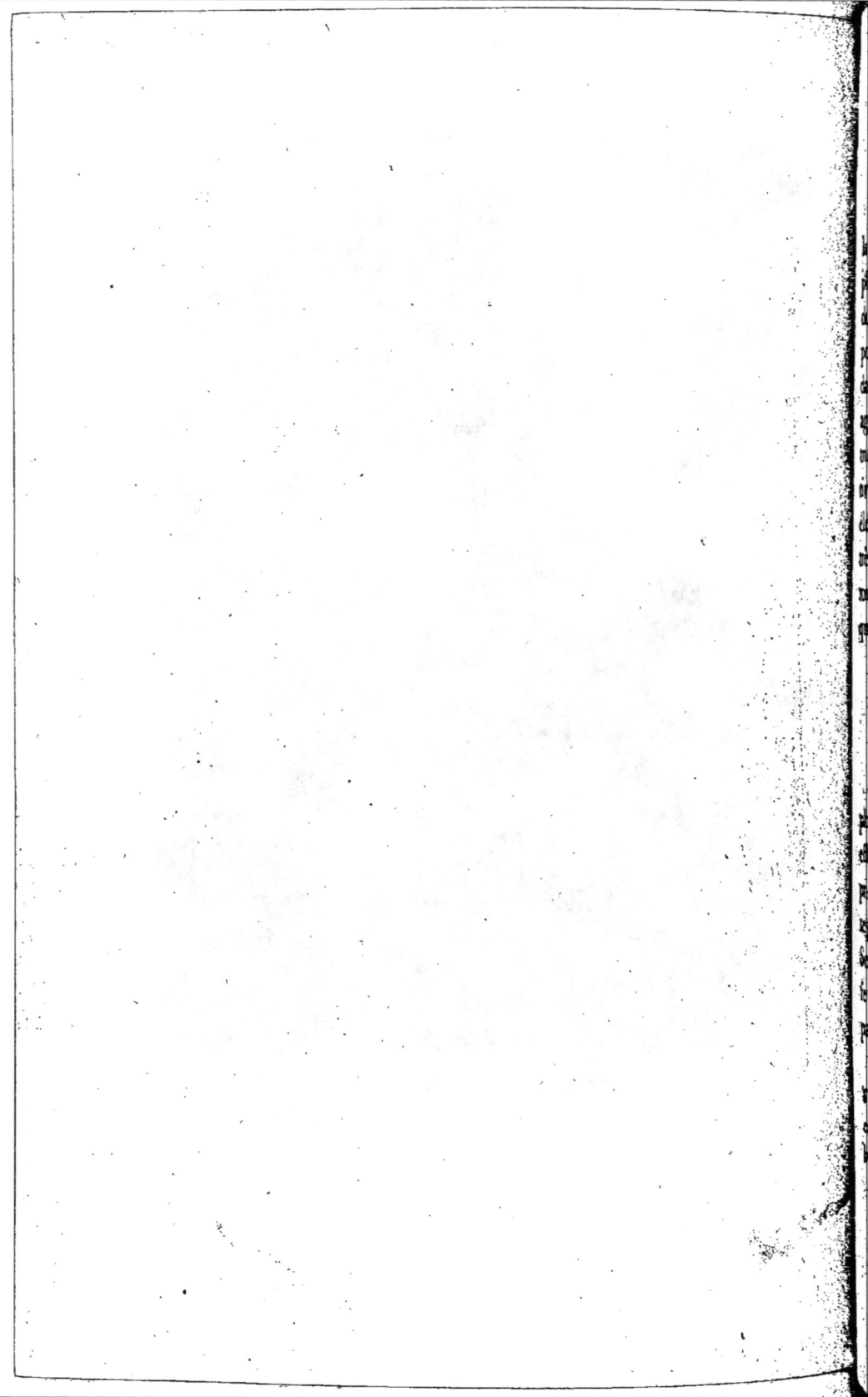

61

Vous débarquez au pied de cette tour, à
laquelle eft appuyée une maifon d'un genre
plus moderne, qui paroît devoir être celle
du Batelier. Cette fabrique eft fituée fur le
point le plus élevé d'une île, & préfente,
dans fes différens afpeds, des tableaux très-
agréables : fon ftyle, fa couleur, & fa conf-
truction perfuaderoient qu'elle exiftoit effectivement du temps de la belle Gabrielle ; fon
élévation & fes acceffoires la font paroître
très-confidérable. Elle eft jointe à une petite
tour carrée, par une porte gothique, fur laquelle on lit :

> En cette tour, droit de péage,
> La belle Gabrielle avoit;
> C'eft de tout temps qu'ici l'on doit
> A la beauté foi & hommage.

A côté de cette porte, vous voyez le trophée des armes de Dominique de Vic : il
eft au deffus d'un monument dont la face
principale eft occupée par un bas - relief
repréfentant la bataille d'Ivry, où cet ancien
Seigneur d'Ermenonville reçut un coup de
feu qui lui caffa la jambe, comme on le voit
par cette infcription :

C'eft ici le trophée de Dominique de Vic, dit
Sarrede. Il eut la jambe emportée d'un boulet de
canon à la bataille d'Ivry, où il étoit Sergent de
bataille. Son amour pour Henri IV étoit fi grand,

que paſſant par la rue de la Férorrnerie deux jours
après la perte horrible de ce bon Prince, il y fut
ſaiſi d'une telle douleur, qu'il en tomba preſque mort
ſur la place même, & en expira le lendemain.

En ce bocage où ton laurier repoſe
 Sur le joli myrte d'amour,
 Ton fidèle ſujet dépoſe
 Ses armes à toi pour toujours.
O mon cher, mon bien aimé Maître !
 J'ai déjà, ſous ton étendart,
 Perdu de mes membres le quart ;
 Te voue ici mon reſtant être.
Que ſi d'un pied marche trop lent pour toi ,
Point ne défaudrai meilleure aide ;
 Car pour combattre pour ſon Roi,
 L'amour fera voler *Sarrede.*

L'idée qu'on ſe forme de l'antiquité de
cette tour, n'eſt point du tout détruite par
le ſtyle de l'intérieur ; il répond parfaitement
à celui du temps où elle eſt cenſée avoir
été conſtruite.

On entre d'abord dans une cuiſine gothique, voûtée, & ſoutenue dans le milieu par
un gros pilier, ſur lequel on a écrit ce
couplet :

Sur l'Air : *De la belle Gabrielle.*

 De ce bon Henri IV
 Vous voyez le ſéjour,
 Lorſque las de combattre,
 Il y faiſoit l'amour.

FONTAINE DU BOCAGE

23

63

Sa belle Gabrielle
Fut dans ces lieux,
Et le souvenir d'elle
Nous rend heureux (1).

La falle du Paffeur, que vous traverfez enfuite, eft meublée en natte : l'efcalier de bois
qui eft en dehors de la maifon, vous mène
dans la chambre du Batelier ; elle commu-
nique au falon de la tour, décoré de fix colonnes cannelées, foutenant une coupole. Au
deffus d'une des portes, on a mis un bufte
d'Henri IV, au deffous duquel on lit :

Un Roi qu'on aime eft un Dieu fur la terre.

Un petit efcalier qui donne dans le falon,
vous fait parvenir fur la plate-forme du
bâtiment, d'où vous découvrez un afpect
magnifique, & d'autant plus agréable, que
la forme circulaire de la tour en augmente
la variété, parce que votre œil ne peut
embraffer à la fois qu'une petite partie du
pays.

Vous apercevez tout le développement de
la rivière qui ferpente à travers les prairies :
la vallée du midi eft bornée par le château ;

_____

(1) Ce Couplet eft de M. Sedaine, de l'Académie
Françoife.

plus loin, vous voyez quelques maisons du village paroître à travers les arbres ; elles prennent pour fond toute la masse de la forêt: à l'*est*, vous retrouvez les hauteurs du Désert, le lac qui vient baigner le pied des rochers de Jean-Jacques ; c'est là que vous vous êtes arrêtés pour regarder un joli tableau ; c'est ici que vous avez passé : on jouit deux fois d'une promenade agréable, quand on revoit, d'un seul point, la plus grande partie du pays que l'on a parcouru.

Si vous reportez votre vue vers le nord, vous apercevez l'abbaye de Chaalis qui s'élève du milieu des bois, & qui se détache sur des fonds vaporeux, dont la teinte bleuâtre se dégrade & s'unit avec celle du ciel; vous découvrez aussi la côte fertile de mont Epiloy, dont le village & la tour font un si bon effet de la terrasse du château.

A l'*ouest*, au pied des côtes sablonneuses, couronnées par le bois de *Perte*, on voit une vigne, au milieu de laquelle est construite, à côté du pressoir, une fabrique d'une jolie forme, sur le modèle d'un temple de Bacchus, qui subsiste encore dans les environs de Rome; ce bâtiment est le logement du Vigneron.

Lorsqu'on est descendu au pied de la tour, il

il faut prendre le premier sentier qui se présente ; il passe au milieu d'arbres verts, d'espèces différentes, & se divise, à l'entrée d'une
voûte de lilas, en deux branches, qui se
réunissent au pont que l'on traverse pour
sortir de l'île : elle est plantée d'arbustes, mais
on désireroit encore y trouver des fleurs de
toutes espèces, dont les odeurs parfumeroient
délicieusement l'air ; l'île de *Gabrielle* doit
être le bosquet de l'amour.

Toute la partie qui vous fait face est rem-
plie de vignes, de potagers, & se joint à
l'enclos des cultures (1) ; un sentier qui prend

_____

(1) J'ai entendu dire que M. de Gérardin avoit divisé
en différens enclos la partie de la plaine la plus
proche du village ; que son intention étoit d'y faire
bâtir des métairies, pour les donner aux gens les plus
vertueux de la paroisse, d'établir un prix d'encoura-
gement pour augmenter l'émulation, & de tâcher, par
des essais sur l'agriculture, d'approcher des Anglois
dans un art qu'ils ont si fort perfectionné.

Si jamais cet exemple pouvoit déterminer à diviser
les terres en petites cultures, au lieu de les réunir en une
seule *ferme* qui n'enrichit qu'un seul homme, tandis
qu'elle suffiroit pour faire vivre dans l'aisance tous les
habitans d'une paroisse, M. de Gérardin auroit rendu un
grand service à ses semblables & à sa patrie ; car la source
de la vraie richesse est dans l'agriculture, comme la sûreté
d'un Gouvernement dans le bonheur des peuples.

E

fur la droite, vous ramène au pont du château.

C'eft là que fe termine une promenade de trois ou quatre heures, que j'ai dirigée par les points de vue les plus intéreffans. Il eft poffible de trouver en Angleterre, & même en France, des jardins qui offrent quelques parties beaucoup plus belles; mais il n'en eft point où l'enfemble foit auffi parfait, où le pays & les payfages offrent autant de va-riété, puifque, dans un efpace de temps auffi court, & dans un *lieu* circonfcrit, vous avez vu les effets les plus piquans de la Na-ture, lacs, cafcades, rivières, ruiffeaux, rochers, déferts arides, prairies, pays cham-pêtres; enfin toutes les parties qui pourroient contribuer à l'embelliffement des jardins, fe trouvent réunies en un feul.

Je fais qu'il faudroit plus d'un jour pour connoître parfaitement toutes les beautés d'un parc qui a plus de deux lieues de tour, en y comprenant l'enclos des cultures : leur defcription exigeroit un Ouvrage beaucoup plus volumineux ; pour les rendre, il fau-droit des eftampes plus grandes & plus foi-gnées ; mais mon intention, en publiant ce Livre, eft feulement qu'il ferve de guide à ceux qui viennent voir les jardins d'Erme-nonville, qu'il en donne une idée à ceux

qui ne les connoiſſent pas, & qu'il fixe le
ſouvenir de ceux qui les ont vus.

APPROBATION.

J'ai lu, par ordre de Monſeigneur le Garde des Sceaux,
un Manuſcrit qui a pour titre *Promenade ou Iti-*
néraire des jardins d'Ermenonville, &c.; cet Ouvrage ne contient rien qui doive en empêcher l'impreſſion & le débit avec les gravures qui en font
partie. A Paris, ce 22 juillet 1788.

LE BEGUE DE PRESLE.

PRIVILÉGE DU ROI.

LOUIS, par la grace de Dieu, Roi de France & de
Navarre, à nos amés & féaux Conſeillers, les Gens tenant nos
Cours de Parlement, Maîtres des Requêtes ordinaires de notre
Hôtel ; Grand Conſeil, Prévôt de Paris, Baillis, Sénéchaux,
leurs Lieutenans Civils, & autres nos Juſticiers qu'il appartiendra:
SALUT. Notre amé le Sieur MÉRIGOT l'aîné, Libraire à Paris, nous
a fait expoſer qu'il déſireroit faire imprimer & donner au Public
les Promenades ou itinéraire portatif des jardins d'Ermenon-
ville, orné d'Eſtampes, par M***. s'il nous plaiſoit lui
accorder nos Lettres de Privilége pour ce néceſſaires. A CES
CAUSES, voulant favorablement traiter l'Expoſant, nous lui avons
permis & permettrons par ces préſentes de faire imprimer ledit
Ouvrage autant de fois que bon lui ſemblera, de le vendre, faire
vendre & débiter par tout notre Royaume pendant le temps de dix
années conſécutives, à compter de la date des Préſentes. Fai-
ſons défenſes à tous Imprimeurs, Libraires & autres perſonnes,
de quelque qualité & condition qu'elles ſoient, d'en introduire
d'impreſſion étrangere dans aucun lieu de notre obéiſſance ; comme
auſſi d'imprimer ou faire imprimer, vendre, faire vendre, débiter
ni contrefaire ledit Ouvrage, ſous quelque prétexte que ce puiſſe
être, ſans la permiſſion expreſſe & par écrit dudit Expoſant, ſes
hoirs ou ayans cauſe, à peine de ſaiſie & de confiſcation des
exemplaires contrefaits, de ſix mille livres d'amende, qui ne
pourra être modérée, pour la première fois ; de pareille amende &
de déchéance d'état, en cas de récidive, & de tous dépens, dom-
mages & intérêts, conformément à l'Arrêt du Conſeil du 30
Août 1777, concernant les contrefaçons ; à la charge que ces

Préfentes feront enregiftrées tout au long fur le Regiftre de la
Communauté des Imprimeurs & Libraires de Paris, dans trois
mois de la daté d'icelles ; que l'impreffion dudit Ouvrage fera
faite dans notre Royaume & non ailleurs , en beau papier &
beaux caracteres, conformément aux Réglemens de la Librairie,
à peine de déchéance du préfent Privilége ; qu'avant de l'expofer
en vente , le manufcrit qui aura fervi de copie à l'impreffion
dudit Ouvrage, fera remis dans le même état où l'Approbation
y aura été donnée , ès mains de notre très-cher & féal Chevalier, Garde des Sceaux de France, le fieur DE LAMOIGNON ,
Commandeur de nos Ordres ; qu'il en fera enfuite remis
deux exemplaires dans notre Bibliothèque publique , un dans
celle de notre Château du Louvre, un dans celle de notre très-
cher & féal Chevalier , Chancelier de France , le fieur DE
MAUPEOU , & un dans celle dudit fieur DE LAMOIGNON.
Le tout à peine de nullité des Préfentes ; du contenu defquelles
vous mandons & enjoignons de faire jouir ledit Expofant & fes
ayans caufe pleinement & paifiblement , fans fouffrir qu'il leur
foit fait aucun trouble ou empêchement. Voulons que la copie
des Préfentes , qui fera imprimée tout au long au commencement
ou à la fin dudit Ouvrage, foit tenue pour dûment fignifiée ,
& qu'aux copies collationnées par l'un de nos amés & féaux
Confeillers-Secrétaires, foi foit ajoutée comme à l'original. Com-
mandons au premier notre Huiffier ou Sergent fur ce requis, de
faire pour l'exécution d'icelles tous actes requis & néceffaires ;
fans demander autre permiffion , & nonobftant clameur de Haro,
Charte Normande, & Lettres à ce contraires. CAR tel eft notre
plaifir. Donné à Verfailles, le deuxieme jour du mois de Juillet,
l'an de grace mil fept cent quatre-vingt-huit , & de notre
Regne le quinzieme. Par le Roi en fon Confeil.

LE BEGUE.

Regiftré fur le Regiftre XXIII de la Chambre Royale &
Syndicale des Libraires & Imprimeurs de Paris , n°. 1687, fol.
591 , conformément aux difpofitions énoncées dans le préfent
Privilége ; & à la charge de remettre à ladite Chambre les neuf
exemplaires prefcrits par l'Arrêt du Confeil du 16 Avril 1785.
A Paris , le 11 Juillet 1788.   KNAPEN , Syndic.

CHANSON
du Berger de la Grotte verte.

Amoroso

Ô, Chlo-é, je t'ai-me, par ce que ton

â-me est aus-si dou-ce que les gra-ces qui

t'em-bel-lis-sent. Cet-te Grot-te de ver-du-re,

c'est moi qui l'ai fai-te pour toy. Ô, Chlo-é

je t'ai-me par ce que ton â-me est aus-si dou-ce

que les gra-ces qui t'em-bel-lis-sent. El-le est ga-ran-

-ti-e des ar-deurs du mi-di; les ze-phirs seuls y

peu-vent pé-né-trer. Ô, Chlo-é, je t'ai-me,

par ce que ton â-me est aus-si dou-ce que les

gra-ces qui t'em-bel-lis-sent. Au pied de son om-bra-ge,

est u-ne pe-ti-te sour-ce d'eau pu-re;

tous les oi-seaux de ce bo-ca-ge s'y ren-dront

à ta voix, di-ci nous pour-rons voir nos trou-

-peaux bon-dir sur la prai-ri-e voi-si-ne,

Viens Chlo-é, viens dans cet-te re-trai-te;

nous y se-rons heu-reux, car non seu-le-ment je

t'ai-me, mais je t'ai-me-rai tou-jours.

Par ce que ton à-me est aus-si dou-ce que les

gra-ces qui t'em-bel-lis-sent. Et Chlo-é ai-me ra

Daphnis par ce qu'au-cun Ber-ger ne peut l'ai-mer

ne peut l'ai-mer mieux que tu.

www.ingramcontent.com/pod-product-compliance
Lightning Source LLC
Chambersburg PA
CBHW060559100426
42744CB00008B/1255

9782011345097